51 Acertijos Matemáticos y de Lógica

Omar Elshami

1- Un acertijo en apariencia sencillo si te das cuenta de a lo que se refiere. "¿En qué momento será correcta la operación 11+3=2?"

2- Disponemos de una docena de monedas visualmente idénticas, de las cuales todas pesan lo mismo excepto una. No sabemos si pesa más o menos que las demás. ¿Como averiguaremos cual es con la ayuda de una balanza en como máximo tres oportunidades?

3- Acertijo sencillo, nos dice "¿Cómo podemos hacer que cuatro nueves den como resultado cien?"

4- "Un hombre se levanta por la noche y descubre que no hay luz en su habitación. Abre el cajón de los guantes, en el que hay diez guantes negros y diez azules. ¿Cuántos debe coger para asegurarse de que obtiene un par del mismo color?"

5- Se trata de un problema complejo y antiguo, propuesto en el libro "The Elements of Geometrie of the most auncient Philosopher Euclides of Megara".

Suponiendo que la Tierra es una esfera perfecta y que pasamos un cuerda por el ecuador, de tal modo que la rodeamos con ella. Si alargamos la cuerda un metro, de tal manera que forme un círculo alrededor de la Tierra

¿Podría pasar un conejo por el hueco existente entre la Tierra y la cuerda? Este es uno de los acertijos matemáticos que requieren buenas dotes de imaginación.

6- Pedro quiere comprarse unas zapatillas que cuestan 97 €. Como no tiene dinero, le pide dinero a sus padres y le promete que se los devolverá cuando los ahorre. Su padre le da 50 € y su madre le da otros 50 €. En total 100 €.

Con el dinero que le han dejado, compra las zapatillas y los 3 € que le sobran decide devolvérselos a sus padres para así deberles menos dinero: le devuelve 1 € a su padre, 1 € a su madre y otro se lo queda él . Así sólo les debe 49 € a cada uno.

Pedro vuelve a hacer cuentas y hay algo que no le cuadra: 49 euros que le debe a su padre, 49 euros que le debe a su madre y 1 € que tiene él suman 99 € ¿dónde está el euro que falta?

7- La piscina que tengo ocupa 30 metros cuadrados de la parcela donde está mi casa. La casa ocupa tantos metros cuadrados como la piscina más la mitad del jardín y el jardín ocupa tantos metros cuadrados como la piscina y la casa juntos.

¿Cuántos metros cuadrados tiene la parcela, la casa y el jardín?

8- Otro acertijo propuesto por Lewis Carroll.

"En una polea simple sin rozamiento se cuelga de un lado un mono y del otro una pesa que equilibra perfectamente al mono. Si la cuerda no tiene ni peso ni fricción, ¿qué ocurre si el mono intenta subir por la cuerda?"

9- En esta ocasión nos encontramos con una serie de igualdades, de las cuales tenemos que resolver la última. Es más sencillo de lo que parece:

$$8806=6$$
$$7111=0$$
$$2172=0$$
$$6666=4$$
$$1111=0$$
$$7662=2$$
$$9312=1$$
$$0000=4$$
$$2222=0$$
$$3333=0$$
$$5555=0$$
$$8193=3$$
$$8096=5$$
$$7777=0$$
$$9999=4$$
$$7756=1$$
$$6855=3$$
$$9881=5$$
$$5531=0$$
$$2581= ¿?$$

10- Un problema con dos posibles soluciones, ambas válidas. Se trata de indicar qué número falta tras ver estas operaciones:

1+4=5
2+5=12
3+6=21
8+11=¿?

11- Tenemos un depósito de agua de 48 m3 de capacidad con dos tuberías de llenado y una de vaciado.

La primera tubería de llenado abierta sola tardaría 12 horas en llenar el depósito.

La segunda tubería de llenado abierta sola tardaría 6 horas en llenar el depósito.

Con el depósito totalmente lleno y las dos tuberías de llenado cerradas, la tubería de vaciado tardaría 8 horas en sacar todo el agua y dejar el depósito vacío.

Si partimos del depósito vacío y abrimos las tres tuberías ¿cuanto tiempo tardaría en llenarse el depósito?

12- Yendo yo para Amberes, me encontré que venía un hombre con siete mujeres, cada mujer con siete sacos y en cada saco siete gatos…
Entre hombres, mujeres, sacos y gatos… ¿cuantos íbamos para Amberes?

13- Si 5 gatos cazan 5 ratones en 5 minutos, ¿Cuantos gatos cazaran 100 ratones en 100 minutos?

14- Poner los números del 1 al 8 en cada casilla de la siguiente cuadricula sin que se toquen en ningún sentido, ni lateral, ni diagonal, con su antecesor o sucesor.

15- Letras iguales, igual valor. Letras distintas, distinto valor. Cada letra vale un número de 0 a 9. La M tiene valor = 1, el resto no se

```
 SEND
+MORE
----------
MONEY
```

16- La mitad de dos mas dos ¿son tres?

17- El padre de Juan le dice a su hijo que le va a otorgar dos monedas de curso legal. "Entre las dos suman tres euros, pero una de ellas no es de un euro". ¿Cuáles son las monedas?

18- Juan se levanta por la mañana y descubre que la luz de la habitación no funciona. Abre el cajón de los guantes, en el que hay diez guantes negros y diez azul oscuro. ¿Cuántos debe coger para asegurarse de que obtiene un par del mismo color?

19- En una carrera, un corredor adelanta al que va segundo. ¿En qué posición se coloca?

20- ¿Cómo puede sobrevivir alguien que cae de un edificio de 50 pisos?

21- Una bola y un bate cuestan 1,10 euros. El bate cuesta un euro más que la bola. ¿Cuánto cuesta la bola?

22- ¿Cómo puedes obtener el número 1000 sumando ocho números 8?

23- Dos padres y dos hijos se sentaron a desayunar huevos. Cada uno se comió un huevo y en total se comieron tres huevos ¿Cómo lo hicieron?

24- ¿Cuál es la cifra más frecuente entre los números 1 y 1.000 (inclusive)?

Para resolver este acertijo no tienes que escribir todos los números, sino que más bien tratar de descubrir un patrón.

25- ¿Cuál es la cifra menos frecuente entre los números 1 y 1.000 (inclusive)?

26- Este acertijo requiere conocer un poco de geografía. "Un oso camina 10 km hacia el sur, 10 hacia el este y 10 hacia el norte, volviendo al punto del que partió. ¿De qué color es el oso?"

27- Un comerciante puede colocar 8 cajas grandes o 10 cajas pequeñas en un embalaje para su envío. En un envío, envió un total de 96 cajas. Sabiendo que hay más cajas grandes que pequeñas, ¿cuántos embalajes envió?

28- Un vendedor de seguros se acerca a una casa y llama a la puerta. Una mujer responde, y él le pregunta cuántos hijos tiene y cuántos años tiene cada uno. Ella dice: «te daré una pista. Si multiplicas las 3 edades de los niños, obtienes 36 años».

El vendedor le dice que no es suficiente información. Así que ella le da una segunda pista: «Si se suman las edades de los niños, la suma es el número de la casa de al lado».

El vendedor va al lado y mira el número de la casa y dice que todavía no hay suficiente información. Así que dice que le dará una última pista, que es que su hijo mayor (de los tres) toca el piano.

¿Por qué necesita tantas pistas?

29- ¿Cuánto valen A, B, C y D?

D-A=C
B-A=A
D=2B

30- ¿Qué 2 números debes multiplicar para obtener el siguiente resultado?
123456789987654321

31- Despeja el signo de la incógnita y justifícala:

12+13+7=1
15+16+11=2
17+18+16=?

32- ¿Qué fórmula puedes crear con tres números iguales, sin utilizar el cuatro, cuyo resultado sea 12?

33- Le queremos hacer un regalo a nuestro amigo Miguel para su cumpleaños, pero no sabemos qué día los cumple. Lo único que sabemos es que él dice que tenía 35 años anteayer, pero que el año que viene ya tendrá 38. ¿Sabes qué día nació?

34- ¿Qué signo hay que poner entre un 5 y un 6 para obtener un número mayor que cinco pero menor que seis?

35- Traté de arreglar un reloj pero me parece que no lo conseguí. Ahora la aguja pequeña funciona perfectamente, pero el minutero se mueve en el sentido contrario al que debería hacerlo, pero con una velocidad constante, de tal manera que pasa al lado de la aguja pequeña cada 80 minutos.
Pregunta: Si a las 6:30 mi reloj muestra la hora correcta

¿Cuándo lo volverá a hacer?

36- ¿Cuántos animales tengo en casa sabiendo que todos son perros menos dos, todos son gatos menos dos, y que todos son loros menos dos?

37- En una fiesta de 48 personas, 20 están bailando. Si de las 25 mujeres que hay, 13 no bailan.
¿Cuántos hombres no bailan?

38- Los tres delanteros de mi equipo de fútbol, han marcado un total 50 goles esta temporada.

Antonio y Benito han marcado 34 entre los dos y por otro lado entre Antonio y Carlos han conseguido 36

¿Quién ha sido el pichichi del equipo?

39- Existe un número de tres dígitos. El dígito del medio es 4 veces más grande que el tercer dígito, mientras que el primero es tres unidades menor que el segundo ¿Sabrías decir de qué número se trata?

40- ¿Sabrías decir cuántos 9 hay entre el número 1 y el número 100?

41- Hoy un padre tiene 4 veces más edad que su hija. Dentro de 20 años, el mismo padre, tendrá el doble de edad que la misma hija.

¿Sabrías decir que edad tienen hoy tanto el padre como la hija?

42- Mi hija tiene varias hermanas. Tiene tantas hermanas como hermanos. Cada uno de los hermanos tiene el doble de hermanas que de hermanos.

¿Sabrías decir cuántos hijos e hijas tengo?

43- En las últimas elecciones de un pequeño pueblo de la costa hubieron 5.219 votos y cuatro candidatos. Se sabe que el ganador de los comicios superó a sus oponentes por 22, 30 y 73 votos aunque debido a un problema informático se perdió la información referente al número exacto de votos que obtuvo cada candidato.

¿Como podemos calcular el total de votos de cada uno de los cuatro candidatos?

44- Johny es un boxeador profesional. Ha disputado 100 peleas de las cuales ha ganado 85, ha perdido 10 y ha empatado 5. Quiere retirarse con el 90% de las peleas ganadas.

¿cuántas peleas más (como mínimo) debe disputar?

45- Sherlock Holmes ha enviado unos documentos secretos en una caja fuerte cuya combinación es un número que es divisible entre 1, 2, 3, 4, 5, 6, 7, 8 y 9 y además es el mínimo número que cumple esta propiedad.
¿Cuá es la clave secreta?

46- Durante el cumpleaños del rey, asisten al banquete en total 30 personas. Una vez que sirven el vino, celebran un brindis, y todos los asistentes choca en su copa con la copa de los demás invitados.

¿Cuántos choques de copa se podrán escuchar en la celebración?

47- Andrés y Manuel quedan para jugar al tenis. El que pierda el partido, deberá pagarle al ganador una cena.

Juegan varios días en ese mes, y deciden que los partidos ganados se compensan con los partidos perdidos, para no tener que invitarse mutuamente, Andrés ganó 4 partidos, y Manuel ganó 3 cenas.

¿Cuántos partidos jugaron en total?

48- Un ornitólogo debe tomar mediciones de un extraño pájaro. La cabeza mide 9 centímetros de largo. La cola mide lo mismo que la cabeza más la mitad del cuerpo. Y el cuerpo, mide tanto como la cabeza y la cola.

¿Cuánto mide en total el pájaro?

49- Sin ayuda de la calculadora y en un tiempo razonable, toma todos los números de 4 cifras, es decir, desde el 1000 hasta el 9.999 y súmalos.

¿Cuál es el resultado?

50- Sustituye los interrogantes de la siguiente expresión por los signos matemáticos básicos (+, -, *, /) de forma que cada uno de ellos aparezca una sola vez. El objetivo es encontrar el mayor número posible y el menor número que podamos conseguir:

$3 ? 7 ? 5 ? 4 ? 3 = X$

51- La piscina que tengo ocupa 30 metros cuadrados de la parcela donde está mi casa. La casa ocupa tantos metros cuadrados como la piscina más la mitad del jardín y el jardín ocupa tantos metros cuadrados como la piscina y la casa juntos.

¿Cuántos metros cuadrados tiene la parcela, la casa y el jardín?

Bonus

Utilizando dos números 3 y una o varias operaciones matemáticas, ¿Cómo puedes obtener el número 20?

Soluciones

Solución Acertijo 1:

Este acertijo se resuelve con gran facilidad si tenemos en cuenta que estamos hablando de un momento. Es decir, tiempo. La afirmación es correcta si pensamos en las horas: si sumamos tres horas a las once, serán las dos.

Solución Acertijo 2:

Para resolver este problema debemos utilizar las tres ocasiones con cuidado, rotando las monedas. En primer lugar distribuiremos las monedas en tres grupos de cuatro. Uno de ellos irá en cada brazo de la balanza y un tercero en la mesa. Si la balanza muestra un equilibrio, ello querrá decir que la moneda falsa con un peso diferente no está entre ellas sino entre las de la mesa. En caso contrario, estará en uno de los brazos.

En cualquier caso, en la segunda ocasión rotaremos las monedas en grupos de tres (dejando una de las originales fija en cada posición y rotando el resto). Si existe un cambio en la inclinación de la balanza, la moneda diferente está entre las que hemos rotado.

Si no hay diferencia, está entre las que no hemos movido. Retiramos las monedas sobre las que no hay duda que no son la falsa, con lo que en el tercer intento nos van a quedar tres monedas. En este caso bastará con pesar dos monedas, una en cada brazo de la balanza y la otra en la mesa. Si hay equilibrio la falsa será la que esté en la mesa, y en caso contrario y a partir de la información extraída en las anteriores ocasiones, podremos decir cual es.

Solución Acertijo 3:

$9/9 + 99 = 100$

Solución Acertijo 4:

Siendo pesimistas y previendo el peor de los casos, el hombre debería coger la mitad más uno para asegurarse de conseguir un par de un mismo color. En este caso, 11.

Solución Acertijo 5:

La respuesta a si pasaría un conejo por el hueco entre la Tierra y la cuerda alargando un solo metro la cuerda es afirmativa. Y es algo que podemos calcular matemáticamente. Suponiendo que la tierra es una esfera con radio de alrededor de 6.3000 km, r=63000 km, a pesar de que la cuerda que la rodea por completo tiene que tener una longitud considerable, ampliarla un solo metro generaría un hueco de alrededor de 16 cm . Ello generaría que un conejo pudiera pasar cómodamente por el hueco entre ambos elementos.

Para ello tenemos que pensar que la cuerda que la rodea va a medir $2\pi r$ cm de longitud originalmente. La longitud de la cuerda alargando un metro será Si alargamos dicha longitud un metro, habrá que calcular la distancia que se ha de distanciar la cuerda, que será 2π (r+extensión necesaria para que se alargue). Entonces tenemos que 1m= 2π (r+x)- $2\pi r$. Haciendo el cálculo y despejando la x, obtenemos que el resultado aproximado es de 16 cm (15,915). Ese sería el hueco que habría entre la Tierra y la cuerda.

Solución Acertijo 6:

Hay muchas maneras de explicar este acertijo. Todo se reduce al hecho de que las cuentas que hace Pedro son incorrectas.
No ha gastado 49+49+1=99

Gasta exactamente 97 euros de las zapatillas y de los 3 euros que sobran, 1 lo tiene su padre, otro lo tiene su madre y otro lo tiene él (el propio enunciado dice la solución del problema).

Para despistar, mezcla el dinero que debe más el que tiene, pero realmente no tiene nada que ver..

Solución Acertijo 7:

La piscina ocupa la mitad de medio jardín, es decir, que el jardín ocupa lo que cuatro piscinas y la casa ocupa lo que tres piscinas. Y como la piscina se nos dice en el problema que mide 30 metros cuadrados, resulta que la casa ocupa 90, el jardín 120, y la parcela en su totalidad 240 metros cuadrados.

Solución Acertijo 8:

El mono llegaría a la polea.

Solución Acertijo 9:

La respuesta a esta pregunta es simple. Únicamente tenemos que buscar el número de 0 o círculos que hay en cada número. Por ejemplo, 8806 tiene seis ya que contaríamos el cero y los círculos que forman parte de los ochos (dos en cada uno) y del seis. Así, el resultado de 2581= 2.

Solución Acertijo 10:

Para solucionar este problema podemos encontrar dos posibles soluciones, siendo como hemos dicho ambas válidas. Para poder completarlo hay que observar la existencia de una relación entre las diferentes operaciones del acertijo. Aunque hay diferentes formas de dar solución a este problema, a continuación veremos dos de ellas.

Una de las formas es sumar el resultado de la fila anterior a la que vemos en la propia fila. Así:

$$1+4=5$$

5 (el del resultado de arriba)+(2+5)=12
12+(3+6)=21
21+(8+11)=¿?

En este caso, la respuesta a la última operación sería 40.

Otra opción es que en vez de una suma con la cifra inmediatamente anterior, veamos una multiplicación. En este caso multiplicaríamos la primera cifra de la operación por la segunda y luego haríamos la suma. Así:

1x4+1=5
2x5+2=12
3x6+3=21
8x11+8=¿?

En esta caso el resultado sería 96.

Solución Acertijo 11:

La primera tuberia llena el depósito de 48 m3 en 12 horas, por lo que su caudal es de 4 m3/h.

La segunda tuberia llena el depósito en 6 horas, por lo que su caudal es de 8 m3/h.

Las dos tuberias juntas tienen un caudal total de 12 m3/h.
La tuberia de vaciado tarda 8 horas en sacar 48 m3 por lo que el caudal de vaciado es de 6 m3/h.

Si entran 12 m3/h y salen 6 m3/h lo que se queda en el depósito son 6 m3/h.

Si entran 6 m3/h el depósito estará lleno en 8 horas.

Solución Acertijo 12:

Dirección Ambres iba yo solo, una persona.
La respuesta correcta se encuentra al principio del acertijo, ya que yo estaba "yendo" para Amberes...
El hombre, mujeres, sacos y gatos "venían", es decir... regresaban de Amberes.

Solución Acertijo 13:

Exactamente... 5 gatos.

Solución Acertijo 14:

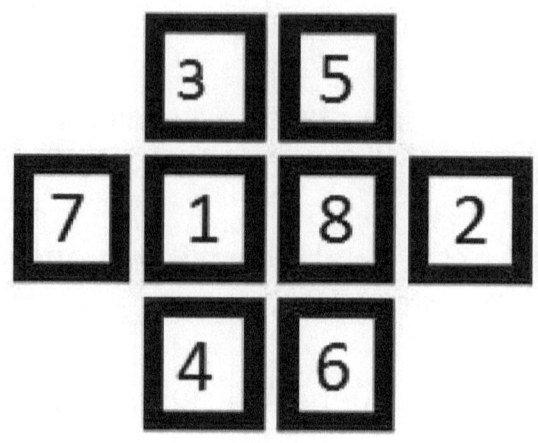

Solución Acertijo 15:

$$9567$$
$$+1085$$

$$10652$$

Solución Acertijo 16:

La respuesta del acertijo es SI.
La mitad de dos es uno, y uno mas dos son tres.

Solución Acertijo 17:

Una de dos euros y otra de un euro. El padre de Juan le dice a su hijo que una de ellas no es de un euro… pero la otra sí puede serlo.

Solución Acertijo 18:

11, Pongámonos en el peor de los casos, en el que Juan coge los diez guantes derechos (o izquierdos) de ambos colores, lo que le haría imposible obtener una pareja. Con uno más le bastaría para completar la pareja.

Solución Acertijo 19:

En segundo lugar.

Solución Acertijo 20:

Cayendo desde el primer piso: el enunciado no identifica de dónde cae la persona.

Solución Acertijo 21:

El bate cuesta 1,05 euros y la pelota cuesta 0,05 euros.

Solución Acertijo 22:

La clave en este ejercicio es darte cuenta de que con el número 8 puedes formar cifras más grandes. La solución es:
888+88+8+8+8=1000

Solución Acertijo 23:

En realidad había tres personas: un abuelo, un padre y un hijo. Hay dos padres porque tenemos el padre del hijo, y el padre del padre, que es el abuelo. Al mismo tiempo, hay dos hijos que son el hijo del abuelo y el hijo del padre.

Solución Acertijo 24:

La cifra más común es 1 ¿Sabes por qué? Todavía no puedo decirte por qué hasta que resuelvas el siguiente acertijo, ya que está muy relacionado con éste.

Solución Acertijo 25:

La cifra menos frecuente entre 1 y 1000 es el 0, aunque 1000 tenga tres ceros. Vamos a explicar ahora cómo se llegar a la solución de ambas adivinanzas.

Las cifras del 0 al 9 siguen todas un mismo patrón: cada cifra se repite una vez por cada diez números. Por ejemplo, la cifra 2 aparece una vez entre 10 y 19, (en el número 12). Y 2 aparece una vez entre 30 y 39 (en el número 32).

Sin embargo, cada uno de las cifras del 1 al 9 también aparece en el el lugar de las decenas y de las centenas. Por ejemplo el 2 que aparece en 20, 21, 22, 23, 24… así como también aparece en 200, 201, 202, 203…
La razón de que el 1 sea la cifra más repetida solo se debe por el 1000, ya que de entre 1 y 999, todas las cifras se repiten exactamente 300 veces. El número 1000 hace que el 1 se repita 301 veces.

El 0 es la cifra que menos se repite, exactamente 192 veces, ya que no tiene tanto números donde se repita el cero como el resto de cifras, como por ejemplo 22, 33, 44, 222, etc.

Solución Acertijo 26:

Este acertijo requiere conocer un poco de geografía. Y es que los únicos puntos en que realizando este camino llegaríamos al punto de origen es en los polos. De este modo, estaríamos ante un oso polar (blanco).

Solución Acertijo 27:

Envió 11 embalajes en total:
7 cajas grandes (7.8=56 cajas)
4 cajas pequeñas (4.10=40 cajas)
que serían 11 embalajes con 96 cajas

Solución Acertijo 28:

En primer lugar, hay varios grupos de 3 números cuyo resultado después de multiplicarlos es 36:

$1.1.36 = 36$
$1.2.18 = 36$
$1\ 3.12 = 36$
$1.4\ 9 = 36$
$6.6.1 = 36$

$2.2.9 = 36$
$2.3.6 = 36$
$3.3.4 = 36$

En segundo lugar, la pista de que si se suman las edades, la suma es la casa de al lado también es ambigua, ya que hay un par de grupos de tres números que tienen la misma solución:

$1+1+36 = 38$
$1+2+18 = 21$
$1+3+12 = 16$
$1+4+9 = 14$
$6+6+1 = 13$
$2+2+9 = 13$
$2+3+6 = 11$
$3+3+4 = 10$

Al repetirse el número 13, el vendedor deduce que este es el número de la casa de al lado y entonces nos deja dos posibilidades: 6, 6 y 1 o 2, 2 y 9. Con la pista de que «el mayor» toca el piano, ya sabes que no puede ser 6, 6 y 1, porque entonces habría dos hijos mayores, por tanto, la solución es 2, 2 y 9.

Solución Acertijo 29:

A=1; B=2; C=3; D=4

Solución Acertijo 30:

111111111 * 111111111

Solución Acertijo 31:

? es igual a 4.

Solución Acertijo 32:

11+1=12

Solución Acertijo 33:

Nació el 31 de diciembre y hoy es 1 de enero

Solución Acertijo 34:

Una coma, de esa manera tendríamos un 5,6

Solución Acertijo 35:

La respuesta es a las 7:06. Aquí está la explicación: La aguja pequeña recorre 30° por hora. En 80 minutos habrá recorrido 40°. La grande habrá recorrido en una hora 320°.

La velocidad de la pequeña es de 1° cada dos minutos. La velocidad de la grande es de 4° por minuto.

Si la grande empieza en el punto 180°, llega a marcar «y 10» justo cuando han pasado 30 minutos y la pequeña está en el 7, por lo que vuelve a marcar a las 07:06.

Solución Acertijo 36:

3.

Solución Acertijo 37:

15.

Solución Acertijo 38:

Si nos dicen que Antonio y Benito han marcado 34 goles, Carlos debe haber marcado los 16 que faltan hasta el total de 50. Por otro lado, si entre Antonio y Carlos han conseguido 36, Benito habrá marcado los que faltan hasta 50, es decir 14. Así nos quedaría Antonio que habrá marcado 50 – 16 – 14 = 20 goles y habrá sido el máximo goleador.

Solución Acertijo 39:

141.

Solución Acertijo 40:

20.

Solución Acertijo 41:

El padre tiene 40 años y la hija tiene 10.

Solución Acertijo 42:

4 hijas y 3 hijos: Cada hija, tiene 3 hermanas y 3 hermanos, pero en cambio, cada hermano, tienen 2 hermanos y 4 hermanas cada uno.

Solución Acertijo 43:

Si sumamos las diferencias de votos con el ganador al total de votos emitidos y dividimos por el número de candidatos, el cociente nos dará los votos del ganador del que se podrán deducir por sustracción los votos de los demás. Los resultados fueron 1.336 votos para el ganador y 1.314, 1.306 y 1.263 para los otros candidatos.

Solución Acertijo 44:

85 + 10 + 5 hacen un total de 100 peleas por lo que su porcentaje actual de peleas ganadas es del 85%.

Si quiere llegar hasta el 90% será necesario que el número de derrotas + empates sea el 10% del total, así que la suma de ambos multiplicado por diez será la respuesta. 15*10 = 150 es decir que debe pelear y ganar las siguientes 50 peleas.

Solución Acertijo 45:

Calculando el mínimo común múltiplo de todos los números del 1 al 9 encontramos que la clave secreta es 2520.

Solución Acertijo 46:

435 choques de copa.

Si fueran sólo cuatro invitados, la fórmula sería $4 \times 3/2 = 6$.

Multiplicamos por tres, porque no brindarían cada uno con sí mismo, y dividimos entre dos, para no contar dos veces el choque se A con B y luego el de B con A, que es el mismo.

Extrapolando la fórmula a más invitados, quedaría: $30 \times 29/2 = 870/2 = 435$

Solución Acertijo 47:

11 partidos.

Manuel ganó 7 partidos, 4 para compensar los 4 de Andrés y otros tres que ganó. Por lo tanto, el empate a 4, y los 3 de Manuel hacen un total de 11.

Solución Acertijo 48:

72 centímetros.

La cabeza tiene 9 centímetros. La cola tiene $18+9 = 27$ centímetros, y por lo tanto, el cuerpo tiene $9+18+9 = 36$ centímetros.

Todo junto: $9+27+36 = 72$ centímetros.

Solución Acertijo 49:

Una posible forma de hacerlo podría ser la siguiente:

Calculamos la suma de los números del 1 al 9.999 y luego restamos la suma de los números desde el 1 al 999 ya que no deberían haberse tenido en cuenta. Esto se hace así para facilitar los cálculos:

Para sumar todos los números del 1 al 9999 nos fijamos en que:

$1 + 9999 = 10.000$
$2 + 9998 = 10.000$
$3 + 9997 = 10.000$
…
y así sucesivamente hasta:
…
$4.999 + 5.001 = 10.000$

Total = 4.999 veces 10.000 mas el número 5.000 que no lo hemos incluido = 49.995.000

Pero aquí hemos sumado los numeros del 1 al 999 que no deberían tenerse en cuenta ya que no tienen 4 cifras. Así, con el mismo sistema hacemos el cálculo de de la suma de todos los números desde 1 hasta 999 para luego restarlo del total calculado anteriormente:

$1 + 999 = 1.000$

$2 + 998 = 1.000$

$3 + 997 = 1.000$

…

y así sucesivamente hasta:

…

$499 + 501 = 1.000$

Total 499 veces 1.000 más el número 500 que no tiene "pareja" = 499.500

Si lo restamos del resultado anterior tenemos
$49.995.000 - 499.500 = 49.495.500$

Solución Acertijo 50:

El valor máximo que podemos obtener es:
$3 / 7 + 5 * 4 - 3 = 18,71$

Y el valor mínimo es:
$3 / 7 - 5 * 4 + 3 = -15,29$

Solución Acertijo 51:

La piscina ocupa la mitad de medio jardín, es decir, que el jardín ocupa lo que cuatro piscinas y la casa ocupa lo que tres piscinas. Y como la piscina se nos dice en el problema que mide 30 metros cuadrados, resulta que la casa ocupa 90, el jardín 120, y la parcela en su totalidad 240 metros cuadrados.

Solución Bonus:

3!/.3=20